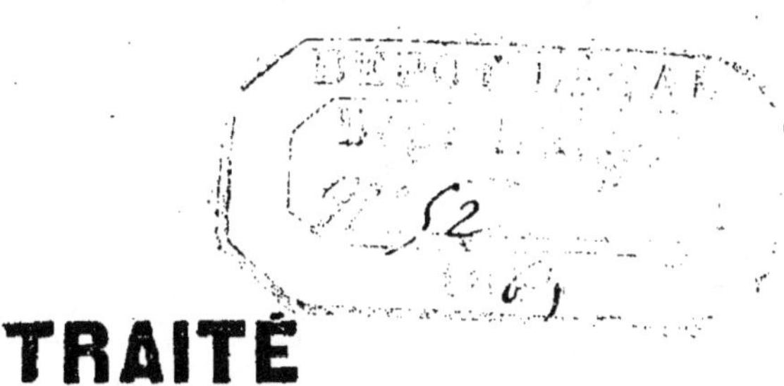

TRAITÉ

DE LA

CULTURE DE LA VIGNE

EN

ALGÉRIE

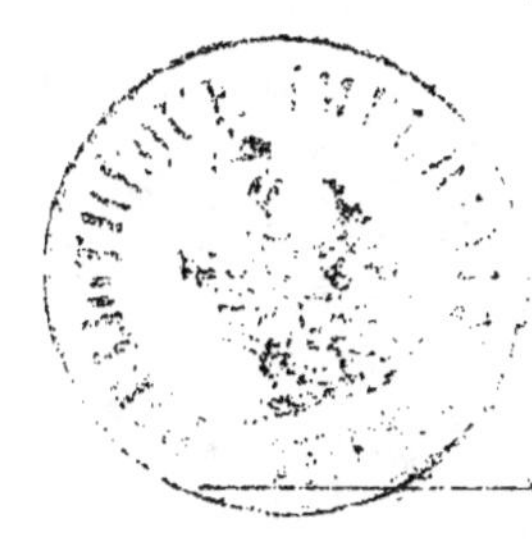

Nec dubia ago.

ALGER
TISSIER, LIBRAIRE-ÉDITEUR
Rue Bab-el-Oued.

AVANT-PROPOS.

Dans la séance du 21 septembre 1861, publiée dans le *Moniteur de l'Algérie* du 9 octobre, le rapporteur de la deuxième commission disait au Conseil général de la province d'Alger : « Nous pensons qu'un traité de viticulture algérienne, destiné à être répandu dans les masses, aurait une heureuse influence pour le progrès de la vigne. »

Cette invitation, bien indirecte sans doute, je l'ai acceptée ; je me suis aussitôt mis à l'œuvre et, rassemblant les documents que j'avais en ma possession, je les ai colligés pour en faire un corps d'ouvrage qui, bien qu'écrit sans prétention, aura, je l'espère, son utilité.

La viticulture est une science utile, dont les résultats tout entiers dans l'avenir, peuvent être immenses pour l'Algérie ; j'ai porté mon grain de sable à l'édifice, mais pour achever le monument mes seuls efforts seraient insuffisants, tous ; les propriétaires, ainsi bien que les cultivateurs, même les plus humbles, tous les praticiens de l'Algérie en un mot, voudront y porter leur contingent. Aussi, dans le but de compléter et de rendre aussi parfait que possible le petit traité que je publie en ce jour, je prie instamment les personnes qui s'occupent de la culture de la vigne, de vouloir bien me faire connaître les travaux qu'elles ont accomplis, les résultats qu'elles ont obtenus ; je serai heureux de publier, sous l'autorité de leurs noms, les articles ou les renseignements sur les variations de la science qu'elles m'adresseront.

La culture de la vigne est d'une importance capitale pour l'Algérie ; bien mieux que la culture des céréales dont les Arabes s'acquitteront toujours avec plus de profit que nous, mieux que la culture du coton et des plantes odoriférantes, elle assurera l'avenir de notre belle colonie. La vigne, en un mot, enrichira et moralisera l'Algérie.

Saint-Eugène, le 30 octobre 1861.

Barny de Romanet

I

CARACTÈRES GÉNÉRIQUES.

Famille des vinifères.

Genre composé d'arbrisseaux sarmenteux et noueux qui s'élèvent quelquefois à la hauteur d'un arbre, dont la tige est mal faite, tortue, couverte d'une écorce brune, rougeâtre et crevassée, à feuilles alternes, simples, lobées ou composées de plusieurs folioles, pennées ou palmées, soutenues par un pédoncule qui forme une vrille lorsque les fleurs avortent.

Les fleurs sont petites, verdâtres, remarquables par l'opposition de leurs quatre ou cinq pétales à des étamines d'un nombre égal. L'ovaire, assis sur le milieu d'un gros disque glanduleux, dont le milieu porte les étamines, est surmonté d'un style et d'un stigmate simples et creusé de deux à six loges, au bas desquelles se dressent un ou deux ovules et devient une baie globuleuse ou ovale, ordinairement uniloculaire, contenant une à cinq graines, sous le tégument desquelles s'observe un périsperme très-dur, du double plus long que l'embryon qui occupe son axe.

Le sucre, abondamment associé dans la pulpe de la baie à un acide végétal, le tartrique, donne au raisin frais son agréable saveur, se concentre dans le fruit sec et, communiquant aux sucs la propriété de fermenter, permet de le transformer, dans la boisson la plus estimée entre toutes celles qu'on nomme alcooliques, le vin.

II

Histoire.

La vigne est, après le blé, la branche d'agriculture la plus importante, celle qui occupe le plus de cultivateurs, celle qui intéresse personnellement le plus grand nombre de citoyens.

On peut croire que l'usage du vin est aussi ancien que le monde ; chez presque tous les peuples, nous trouvons dans les temps les plus reculés l'usage d'offrir aux divinités du pain et du vin, et il est certain que pour ce qui concerne la vigne, sa culture et l'usage du vin, il est impossible de reconnaître dans les monuments historiques la trace du temps de leur découverte.

Pour établir des conjectures, nous allons être forcé de recourir aux fictions de la fable et de l'ancien Testament.

Selon les historiens sacrés, ce fut Noé qui le premier planta la vigne et fit le vin. Cette légende n'est indubitablement qu'un reflet de la croyance des Egyptiens qui regardant Osiris comme le fondateur de leur nation, le père de toutes les colonies, le modérateur des saisons, comme étant celui qui les avait formés à la piété, leur avait enseigné ainsi qu'à tout le genre humain les ressources que la terre peut offrir et leur avait appris à la cultiver, attribuaient à cette divinité la découverte et la propagation de la vigne. Osiris, que les mythologues ont depuis appelé Bacchus, suivant eux, trouva la vigne dans une ville de l'Arabie heureuse et en transporta aussitôt la culture dans l'Egypte et les Indes.

Laissant de côté ces fables qui, comme toutes les légendes de l'antiquité de tous les peuples, ont pris leur origine dans les faits qui se sont alors accomplis, il est incontestable que la vigne est originaire de l'Asie, ce berceau du premier homme et de tant d'excellentes productions, qu'elle fut transportée de son pays originaire par les Phéniciens, qui la répandirent sur toutes les côtes de la Méditerranée ; qu'elle réussit d'abord merveilleusement dans les îles de l'Archipel et de là, fut propagée en Grèce et en Italie.

Suivant Pline, le vin était rare lors de la fondation de Rome, d'où Romulus défendit d'en faire des libations sur le bûcher des morts. Dans les siècles suivants, les vignes se multiplièrent considérablement et bientôt le vin fut assez abondant pour que les dames romaines pussent abuser de la permission du roi Numa Pompilius, qui leur avait permis d'en boire et avait autorisé les libations qu'avait défendues le roi fondateur.

On a fait beaucoup d'histoires sur l'introduction de la vigne dans les Gaules; nous ne nous y arrêterons pas, dans la conviction où nous sommes que ce précieux arbrisseau fut, dès sa découverte, planté sur les côtes de la Provence par les Phéniciens. Ce qui prouve que ce ne fut, ainsi que l'ont cependant avancé plusieurs historiens, ni à l'Helvétien Elicon, ni à la guerre que les Gaulois firent victorieusement à Rome, que fut due l'introduction de la vigne dans les Gaules, c'est que lorsque les Phocéens abordèrent à Marseille, la fille du roi de ce pays leur offrit la coupe de l'hospitalité, qu'elle avait remplie de vin et d'eau. Notre opinion sur l'antiquité de la culture de la vigne dans les Gaules, est corroborée par Strabon, Varron, César, qui affirment qu'on recueillait depuis longtemps dans ce pays une grande quantité de vin.

La culture de la vigne se propagea rapidement, aussitôt que les hommes eurent reconnu l'excellence de son produit, du vin, qui suivant Olivier de Serres, « est employé non-seulement au vivre des hommes, mais aussi à la guérison de plusieurs maladies; car il échauffe le corps mis au dedans par la bouche et le refroidit appliqué par dehors. » La Gaule, l'Espagne et sans doute aussi les côtes de l'Afrique s'adonnèrent à la culture de la vigne qui, pour ces pays, devint une source de richesses ; mais en l'an 92 de l'ère chrétienne, une disette de grains ayant affligé l'empire romain en même temps que la vigne avait produit une grande quantité de vin, l'empereur Domitien ordonna d'arracher les vignes, en partie ou entièrement, suivant les provinces. Ce ne fut qu'en l'année 282 que l'empereur Probus ayant par ses victoires rendu la paix à l'empire, cassa l'édit de Domitien et accorda aux provinces romaines la liberté de planter la vigne.

Ce fut, dit Dunod, un spectacle ravissant de voir la foule des hommes, des femmes, des enfants s'empresser de se livrer à cette grande et belle restauration ; tous pouvaient en effet y prendre part, car la culture de la vigne a cela d'intéressant qu'elle offre dans ses détails des occupations proportionnées à la force des deux sexes et à celle de tous les âges. Bientôt les vignobles s'étendirent sur tous les points susceptibles de recevoir cette culture.

En France, cette multiplication attira de longs siècles après Domitien, sous le règne de Charles IX, en 1566, une proscription semblable à celle opérée par le farouche empereur, proscription qui, d'un autre côté, avait depuis longtemps eu lieu dans l'Afrique du Nord et particulièrement en Algérie, lors de l'envahissement des Arabes, chez qui, chacun le sait, l'usage du vin est défendu par le Koran.

L'édit de Charles IX, moins exclusif que celui de Domitien et que la loi imposée par le fanatisme des musulmans, prescrivait de ne laisser en nature de vignes que le tiers du terrain dans chaque canton ; cette loi, trop rigoureuse pour les pays vignobles, n'eut de durée que celle des circonstances qui l'avaient provoquée. Plus tard, sous l'ancien régime, on y est revenu sous des formes plus douces. En 1731, les mémoires des intendants des provinces firent rendre un arrêt pour qu'on ne pût planter des vignes sans leur permission ; ils croyaient que ces défenses étaient nécessaires pour qu'il leur fût possible de favoriser la culture du blé. Aujourd'hui les gouvernements sont trop éclairés pour que l'on craigne de voir se renouveler les arrêts barbares qui détruisaient ainsi la propriété, par l'effet d'absurdes préjugés ; on sait et l'on ne doit jamais oublier que l'industrie a rarement besoin des conseils de l'autorité pour créer, et jamais pour détruire. Les cultivateurs peuvent bien ne pas penser à tirer tout le parti qu'ils pourraient d'une terre ou d'une production et il est utile de les en prévenir ; mais toutes les fois qu'ils n'abandonnent pas une certaine culture, on peut croire qu'elle est avantageuse.

Relativement à la culture en grand pour la fabrication du vin, la culture de la vigne a ses limites. L'art de former des vignobles a trouvé des obstacles insurmontables dans la Bretagne, le nord de la Belgique, ainsi que dans beaucoup d'autres contrées plus rapprochées du pôle ou de l'équateur. La ligne où s'arrête actuellement la culture en grand de la vigne commence sur la côte occidentale de la France, vers Nantes (47° 20'); de là elle remonte vers Paris (49°), un peu plus haut en Champagne, sur la Moselle et le Rhin, jusqu'au 51e degré, puis après quelques ondulations passe à peu près au même degré en Silésie, redescend ensuite vers le midi à 48°, en Hongrie, d'où elle se soutient à la même latitude jusqu'en Crimée et au nord de la Caspienne, où elle disparaît.

La limite méridionale de la vigne est aux Canaries, puis elle suit le littoral de l'Afrique, en côtoyant le Maroc, l'Algérie et Tunis, s'y interrompt pour reparaître sur un petit point de l'Egypte et beaucoup plus abondante en Perse à 29°. Elle ne mûrit pas au Japon et est proscrite en Chine, où l'on en cultive cependant quelques espèces excellentes, destinées uniquement à la table.

En Amérique, la culture de la vigne a été tentée avec succès sur quelques points. Dans l'Amérique septentrionale, où les premiers navigateurs trouvèrent plusieurs espèces de vigne croissant spontanément, la limite nord de sa culture ne dépasse pas le 37e degré sur les bords de l'Ohio, et 38° dans la nouvelle Californie. La limite sud, est 26° à la nouvelle Biscaye, 32° au nouveau Mexique. Dans l'hémisphère austral où elle n'atteint nulle part 40°, on l'observe au Chili et à Buenos-Ayres, vers 34°, dans la nouvelle Hollande et au cap de Bonne-Espérance, si renommé par son vin.

Quant à l'altitude des cultures, elles montent en Hongrie à 300 mètres ; dans le Nord de la Suisse à 550 mètres ; dans les Alpes à 650 mètres; dans l'Appenin méridional et en Sicile à 960 mètres, bien qu'aux Canaries elles ne s'élèvent qu'à 800 mètres.

De ces observations on peut conclure que la vigne veut un climat tempéré, mais qu'elle se règle moins sur la température moyenne *que sur la température de l'été*, qui doit avoir une certaine force pour mûrir ses fruits et une certaine durée pour que cette maturation trouve une chaleur assez élevée.

La nature a richement doté la France d'une admirable puissance de production vinicole. Tout, dans cet heureux pays, a contribué à l'enrichir des innombrables espèces de vin qui répondent à toutes les fantaisies du goût le plus capricieux ; c'est une belle couleur, une limpidité irréprochable; sève, finesse, moëlleux, bouquet, arôme délicat et léger, gracieux parfum qui flatte, charme et séduit les sens et rarement les trouble, quand l'abus ne vient pas s'en mêler; eh bien! ces précieuses qualités du vin que la France doit à son climat et à son terroir seront dépassées lorsque l'Algérie aura adopté une culture appropriée à chacune des parties de son territoire; car en Algérie la maturation ne fera jamais défaut, les gelées, à de rares exceptions près, ne viendront jamais compromettre la récolte et la nature du terrain se prête presque partout d'une manière admirable à la culture de la vigne.

III

Nature du sol et exposition qui conviennent à la vigne.

Le climat et le terroir, a dit Olivier de Serres, donnent le goût et la force au vin. Autant la culture de la vigne, lorsqu'elle est bien dirigée, est lucrative dans les terrains et aux expositions qui lui conviennent, autant elle est ruineuse dans les autres circonstances, à cause des avances qu'elle exige et des casualités auxquelles elle est exposée.

La vigne demande une terre légère et profonde, où ses racines puissent facilement pénétrer et s'étendre; un sol calcaire ou graveleux, crayeux ou primitivement volcanique est celui qui influe de la manière la plus favorable sur la vigueur de sa croissance et la qualité de ses produits; tout champ qui a une profondeur de trente à quatre-vingts centimètres de terre végétale douce, légère, naturellement perméable ou rendue telle par un mélange de calcaire ou de cailloux, est propre à recevoir la vigne, surtout si sa surface a une inclinaison sensible à l'horizon. Il faut éviter de planter la vigne dans les terrains aquatiques où domine l'argile pure ou le sable, ainsi que dans les terres sèches, profondes, les plus avantageuses à la culture du blé; ces dernières ne produisent que des vins aqueux, gras, épais, sans goût ni saveur agréable.

Les vignobles les plus renommés de la Champagne reposent sur une terre crayeuse; ceux de la Grèce, de l'Italie, du Rhin et du Vivarais, sur des déjections volcaniques; les côteaux de l'Hermitage, de Condrieux, de Saint-Perai et de la Romanée, sont formés de détritus de granit; les plaines du Médoc se composent dans leur partie supérieure d'une terre légère entremêlée d'une grande quantité de petits cailloux roulés, sous laquelle se trouve une argile rouge, sèche et compacte.

Toutes ces natures de terre si favorables à la production d'un vin excellent se trouvent abondamment en Algérie; c'est au planteur à apprécier la qualité du sol qu'il peut modifier, soit en mêlant des pierres, des cailloux ou du sable avec la terre trop compacte, soit en entremêlant de l'argile dans une proportion favorable, si le terrain est trop léger, tout en évitant d'en mettre une trop grande quantité, car alors elle donnerait trop de corps au vin, elle lui communiquerait un goût désagréable, surtout si cette terre est d'un brun foncé.

Dans le Nord, l'exposition du Midi est en général la plus favorable ; mais en Algérie, où les gelées ne sont pas à craindre, on doit choisir de préférence les terrains exposés au Nord-Est, légèrement inclinés vers l'Est ou au couchant, les vignobles donneront toujours de meilleurs produits. Les terrains d'une moyenne élévation, qui reçoivent obliquement et non perpendiculairement les rayons du soleil, produisent un vin chaud, ferme et de garde.

IV

Espèces et variétés.

De tout temps, si l'on en croit Celse et Calumelle chez les Romains, Olivier de Serres, Rosier, Roxas, Clemente et Odart chez les modernes, on a mis le choix du cépage au premier rang des considérations qui doivent diriger ceux qui entreprennent la plantation d'une vigne. Sans nier absolument l'influence d'un bon cépage sur la qualité du vin, nous croyons qu'on se l'est singulièrement exagérée ; car si d'un plant de bonne qualité il ne provient pas immédiatement un raisin produisant du vin d'une qualité inférieure ou supérieure, nous pensons, nous croyons que sous l'influence toute-puissante du climat et du terroir, il éprouvera quelques années après la plantation un changement notable; c'est ainsi que le Cap de Bonne-Espérance, planté avec des cépages venant de Bourgogne, produit un vin qui ne ressemble en rien à celui de la Côte-d'Or; c'est ainsi que le Médoc, qui vers la fin du seizième siècle vint chercher son plant à Issoudun, produit du vin qui ne ressemble en rien à celui de cette localité. Nous le répétons, c'est à l'influence du sol, du climat, de la culture et à l'étonnante vigueur végétative de la vigne qu'il faut attribuer en grande partie les différentes formes qu'elle affecte et les qualités diverses de ses fruits.

Ces considérations étant posées, nous engageons néanmoins les cultivateurs à mettre le plus grand soin dans le choix de leur cépage, ils auront toujours plus de chance de réussite en se procurant des plants de bonne qualité.

Ceci dit, nous allons désigner quelques qualités de raisins dont le mérite est reconnu et dont la culture peut être des plus avantageuses en Algérie.

Le *Pineau noir*, nommé aussi dans plusieurs départements *Noirrien*, *Pimbart*, *Manosquin*, *Merille*, *Gribulot*, *Massoutel*, *Morillon* en Bourgogne, *Petit plant doré* en

Champagne, *Auvernat* à Orléans, *Petit Arnoison noir* ou *Orléans* à Tours, *Pinet* en Berry, est reconnu pour donner les meilleurs produits; mais il a le défaut d'être peu productif, défaut qui en restreint la culture aux vignobles des riches propriétaires qui s dédommagent de la médiocrité de la récolte par le haut prix qu'ils en retirent.

Son sarment est menu, allongé, court, rampant et d'un rouge fauve, lorsqu'il est bien aoûté.

Ses grappes ont la forme de la pomme de pin à laquelle ce raisin ressemble, et sont composées de grains violets, légèrement oblongs, entassés les uns sur les autres, et, souvent, entremêlés de très-petits grains. La couleur du vin, après le cuvage, est d'un rouge brillant, mais peu foncé.

Le Pineau noir se plait sur les côteaux exposés au Levant et dans les terres légères, riches en carbonnate de chaux. Il ne fait que végéter dans les terres fortes et argileuses.

Le *Pineau gris*, *Griset*, *Petit-gris*, *Burot* ou *Muscadet* en Bourgogne, *Fromenteau* en Champagne, *Auxois* ou *Auxerrois* en d'autres lieux, *Tokai* sur les bords du Rhin, *Malvoisie* en Touraine, est un cépage d'excellente qualité. Il est plus délicat que le précédent; ses sarments sont plus déliés et se soutiennent mal ; sa feuille est aussi plus petite et d'un vert moins foncé ; le raisin est d'un rouge clair ardoisé, qui le fait facilement reconnaître. Il donne un vin d'excellente qualité, mais peu abondant, qui contribue pour beaucoup à la délicatesse des excellents vins de Sillery et de Versenai en Champagne. On le cultive seul et sans mélange d'autres qualités dans le département de l'Aube et dans quelques parties de la Lorraine.

Le *Pineau blanc* ou *Chardenay* en Bourgogne, *Plant doré blanc* sur les bords de la Marne, *Arnoison blanc* en Touraine, accompagne dans tous les bons vignobles les deux espèces précédentes. Sa tige est menue et délicate, mais se soutient bien ; ses feuilles sont de la même grandeur que celles du Pineau noir, mais d'un vert moins foncé ; son sarment, parvenu au terme de sa maturité, est d'une couleur jaunâtre, entremêlée longitunalement de fibres rouges. Le raisin qu'il porte, composé de grains petits, peu nombreux, d'un jaune doré, quelquefois parsemés irrégulièrement de taches rouges, est d'une saveur exquise.

Ces trois plants, dans la réunion desquels il est convenable que le premier domine, donnent partout d'excellent vin : en Bourgogne et en Champagne, où ils font le fond des vignobles les plus estimés pour la délicatesse des vins qu'ils fournissent; sur la Meuse, dans le Jura et dans une partie de la Touraine; mais ils ne sont pas également recommandables par la durée de leur conservation.

Si parfois on a prétendu que ces plants traités à part n'ont donné qu'un vin inférieur à celui obtenu d'autres qualités, c'est qu'en premier lieu le *Meunier*, facile à reconnaître par la poussière cotonneuse qui garnit ses feuilles et qui passe à tort pour un plant noble, dominait dans la vigne, et qu'ensuite on a laissé cuver la vendange aussi longtemps que celle du *Plant du Roi*, tandis qu'en Bourgogne la vendange de ces mêmes plants ne cuve que deux ou trois jours.

Le *Plant du Roi*, ainsi nommé aux environs de Paris, *Quille de Coq* à Auxerre, *San Moireau* à Orléans, *Auxerrois* dans le Lot, *Côte rouge* dans la Dordogne, *Côt* en Touraine et en Poitou, *Cor* dans le Berry, donne un vin d'une couleur riche, qui a beaucoup de corps, ce qui permet aux marchands de le mêler, sans détérioration pour la liqueur, à des vins blancs qui lui communiquent un peu de la spirituosité dont il manque. Ce plant est très-solide, convient par sa vigoureuse végétation aux terrains les plus médiocres; fort tardif à la pousse, quoiqu'il ne le soit pas à la maturité, il peut se passer d'échalas, parce qu'il porte bien son bois et que ses grappes sont composées de raisins gros, peu serrés et peu sujets à la pourriture, même par les temps humides; son seul défaut est d'être sujet à la coulure, lors de la fleur. C'est lui qui fait le fonds des vignobles de la côte du Cher, de l'Indre et du Lot.

Le *Gamet* a des caractères tranchés qui le rendent facile à distinguer. Ce cépage était proscrit par les anciens ducs de Bourgogne qui, dans leur édit de proscription, le traitent d'*infâme*. Tout dans le Gamet annonce la plus riche végétation ; son bois est gros et ses nœuds bien développés ; sa feuille est épaisse, large, d'un vert foncé en dessus, cotonneuse en dessous et supportée par un pétiole bien nourri ; les grappes sont abondantes et grosses ; les grains de son fruit sont noirs, volumineux, très-arrondis et serrés. Quand le bois est parvenu à sa maturité, il est d'un rouge tirant sur l'amaranthe. Ce plant convient aux plaines, aux terres grasses ; il est peu sensible aux gelées et passe heureusement l'époque critique de la floraison. Il donne un vin dur, âpre, sans corps, sans chaleur, sans bouquet, de peu de conservation ; mais l'abondance de son produit rend souvent sa culture plus profitable que celle des plants fins ; il rapporte cinq à six fois autant que le Pineau cultivé sur les côteaux.

Le *Pulsart*, *Pendonleau* ou *Raisin perle* est un cépage d'une végétation très-vigoureuse, particulièrement cultivé dans le Jura, où il donne un vin excellent, très-délicat, soit rouge, clairet ou blanc. Ses grappes sont formées de gros grains violets, ovales allongés, rendant, dit-on, dans les années favorables, des produits aussi abondants que le Gamet et d'aussi bonne qualité que le Pineau. Ce plant ne réussit guère que dans une bonne terre argileuse ; il coule facilement et rapporte peu dans une terre médiocre, surtout si l'on oublie à la taille, qu'il faut asseoir la taille sur les sarments de médiocre grosseur et non sur les plus gros.

Ces quatre qualités existent dans les vignes des Maures en Algérie.

Le *Blanc semillon* a un sarment volumineux et de couleur rouge brun ; sa grappe aîlée est composée de grains assez gros, peu serrés et d'une couleur jaune-clair d'une nuance peu commune, mûrit bien et de bonne heure. Ce plant se cultive dans les mêmes vignobles que la *Blanquette*, facile à reconnaître par le duvet blanc dont le pampre est garni au-dessous, qui dans le Bas-Languedoc donnent des vins blancs fort agréables, dont les plus connus sont la Blanquette de Limoux et celle de Calvisson.

Nous bornons ici nos citations, laissant de côté la nomenclature des quatorze ou quinze cents variétés que comptent les œnologues, dont plusieurs peuvent être admises dans un vignoble planté avec soin et réflexion. Cependant, nous pensons que les personnes peu expérimentées, qui plantant une vigne veulent en définitive se créer un revenu en rapport avec la valeur de leur propriété et des dépenses considérables qu'elles doivent faire, feront bien de s'en tenir aux variétés que nous venons de mentionner, sauf à y introduire quelques pieds de muscat, à moins que l'expérience n'ait fait reconnaître dans des espèces entièrement locales un mérite réel.

V

Multiplication de la Vigne.

On crée, on renouvelle ou l'on perpétue une vigne par le moyen des crossettes, des boutures, des marcottes, des provins, des plants enracinés sou du semis.

La *Crossette* est un sarment de l'année auquel est jointe une petite portion de la pousse de l'année précédente, de la longueur de cinq à six centimètres. Une bonne crossette doit être prise sur un cep vigoureux. Il faut autant que possible prendre les crossettes dans des terres plus maigres que celles où l'on se propose de planter ; on doit les planter aussitôt que possible, en ayant soin de rafraîchir la coupe à l'aide d'un bon sécateur; on sarcle et l'on bine aussitôt que l'herbe paraît.

La *Bouture* est un simple sarment de l'année parvenu au terme de sa maturité ; elle ne diffère de la crossette que par la portion de vieux bois dont cette dernière est pourvue. La bouture doit être coupé eexactement au-dessous de l'œil le plus bas, d'où partiront les meilleures racines.

Ainsi que de bons vignerons, nous avons employé indifféremment la crossette et la bouture et souvent même cette dernière de préférence à l'autre, par le motif que le vieux bois, qui ne donne jamais de racines par le fait de sa décomposition aussitôt qu'il est enfoncé en terre, retarde souvent la naissance des petites racines que produit le jeune bois ou la buuture.

La *Marcotte* est une partie de sarment qu'on couche et que l'on fixe dans un panier rempli de terre, de manière à ce que l'extrémité de ce sarment sorte du panier à la hauteur de deux ou trois nœuds; les parties du bois enterré poussent des racines;

au bout d'un an, on sépare la marcotte du sujet qui l'a produit et l'on peut la planter. Ce mode de multiplication coûte très-cher et ne fait pas gagner de temps, car il faut ordinairement attendre deux ans et même trois ans pour mettre une marcotte en place.

Le *provin*. — Le provignage s'opère immédiatement après la taille. Pour y procéder, on choisit un cep qui ait plusieurs brins de force égale, on creuse au-dessous du cep que l'on veut coucher des fosses de 40 à 50 centimètres de profondeur, de 1 mètre de longueur sur 30 centimètres de largeur. On relève le cep, on le dépouille de ses racines surabondantes, on l'étend dans la fosse, on recourbe les branches en demi-cercle, on les y assujettit pour qu'elles ne se dérangent pas, l'on redresse leur extrémité sur le bord de la fosse et on les taille à deux ou trois yeux au-dessus du niveau du sol. Au bout d'un an on sèvre les provins ; quand ils ont été bien faits, ils donnent du raisin dès la première année ; à la seconde, ils sont déjà dans toute leur force.

Le provignage est généralement en usage pour renouveler de vieilles vignes, c'est une excellente méthode.

Le *plant enraciné* ou *chevelu* est obtenu par le provignage ou plus souvent élevé dans une pépinière dans laquelle il a été placé deux ans plus tôt, sous forme de crossette ou de bouture.

Notre expérience nous a fait reconnaître que la plantation par bouture est préférable à celle par chevelu. Elle est même indispensable dans les terrains où l'on plante la vigne à l'aide de la barre, car il serait alors impossible d'introduire le plant dans les trous sans pelotonner ou mutiler les racines. D'un autre côté, nous avons reconnu que le temps nécessaire pour la reprise des racines est tout aussi long dans les plants enracinés que celui de leur formation dans les boutures. La vigne une fois enracinée n'aime pas à être déplacée.

Le *semis*. — Quelques curieux se trouvent encore qui font des expériences et sèment la vigne dans l'espoir d'en obtenir de meilleure ou de plus précoce ; mais les cultivateurs ne sèment plus, d'abord parce qu'il faut attendre six à sept ans pour connaître le résultat et ensuite parce que le résultat obtenu ne donne ordinairement rien de supérieur à ce que nous possédons.

On sème en mars en pleine terre ou dans des pots, des pepins parfaitement mûrs et qui brunissent ; on couvre le semis de terre fine ou de terreau et l'on a soin de le protéger contre les intempéries des saisons et particulièrement contre la chaleur. La graine lève au bout de dix jours ; on repique les jeunes plants la deuxième ou la troisième année.

VI

Plantation de la Vigne.

Lorsque celui qui voudra planter une vigne aura fait choix d'un terrain, il devra en étudier soigneusement la nature ; alors seulement, il pourra juger s'il est propice à la production des vins fins

Toute plantation doit être précédée d'un défoncement du sol. Cette opération doit se faire en hiver, et, autant que possible, un an avant la plantation, pour donner à la terre du fond ramenée à la surface le temps de se saturer de gaz atmosphérique. En Algérie particulièrement, le défoncement du terrain doit avoir une grande profondeur (60 à 80 centimètres) ; car, d'une part, l'humidité étant nécessaire à la formation et à la reprise des racines, de l'autre, les plants devant être plus espacés et les racines plus multipliées que dans les pays septentrionaux il faut que la vigne rencontre partout une terre meuble et divisée que ses racines puissent facilement pénétrer.

En Algérie, l'époque la plus favorable pour faire une plantation de vigne est du

1er novembre à la fin de janvier, alors le plant profitera de la saison des pluies, et lorsque l'époque des chaleurs sera venue, il aura des racines assez fortes pour ne pas souffrir de la sécheresse.

La plantation peut s'opérer de trois manières : la plantation à la *barre*, mode fort simple et expéditif, qui consiste à faire avec une barre ou plantoir en fer un trou dans lequel on dépose le plant que l'on y fixe, après avoir rempli le trou de terre bien meuble, en tassant la terre avec la barre dans le fond, avec le pied à l'entour du plant; la plantation par *fossés* ou *tranchées* d'un mètre vingt-cinq centimètres de large sur trente-cinq à cinquante centimètres de profondeur, selon la nature de la couche qui se présente, au fond duquel on étend une bouture la coudant à l'angle de la tranchée; la plantation à la *fossette* consiste à pratiquer d'espace en espace, dans les terrains où la barre ne saurait être employée et où il serait impossible d'ouvrir des tranchées, des fouilles de trente à quarante centimètres de profondeur et d'ouverture dans lesquels on couche la bouture en ne laissant hors de terre qu'une portion du sarment qu'on rabat à un œil ou deux.

Les trois méthodes sont bonnes, quoi qu'en disent certains théoriciens, et leur adoption doit être subordonnée à la nature du terrain dans lequel on veut planter.

Dans une terre profonde, légère ou graveleuse, la barre doit être employée; ce mode de plantation, plus économique que les autres, donne d'aussi bons résultats, si on a le soin d'enfoncer la bouture à soixante ou quatre-vingts centimètres de profondeur.

Dans une terre forte, dans le rocher, partout où la barre ne peut pas fonctionner, on ouvrira des tranchées; ce mode de plantation, s'il s'agit d'une terre forte, argileuse, permet d'ameublir la terre dont la portion la plus émiée de la surface sera jetée dans le fond; s'il s'agit d'une terre rocheuse, il permet de mettre partout le plant à une profondeur égale et suffisante et de le garnir de bonne terre.

Ainsi que nous l'avons dit, la plantation à la fossette ne doit avoir lieu que dans les portions du champ où la terre a trop peu de profondeur pour que la barre puisse fonctionner, ou bien offre des masses de rochers ou de pierres qu'il serait trop difficile ou dispendieux d'enlever pour y faire des tranchées.

La distance à observer entre les plants varie suivant le climat, la qualité du terrain, l'espèce de la vigne et le mode de culture que l'on voudra adopter.

Si la culture doit avoir lieu avec la charrue, les rangs doivent être espacés au moins à 1 mètre 50 cent. et mieux à 1 mètre 75 cent.

Si la culture doit avoir lieu à bras d'homme, il a été reconnu, en Algérie au moins, que 1 mètre 20 à 1 mètre 25 en tous sens est l'espacement le plus favorable pour obtenir des ceps vigoureux et des récoltes abondantes. Dans des terres très-maigres on pourra diminuer cette distance, mais ce sera sans profit.

VII

Façons à donner à la vigne.

Labours. — Lorsque la plantation est faite, le moyen d'en assurer le succès est de tenir toujours la terre meuble et nette d'herbes.

Dans les vignobles peu pierreux, on se sert d'une houe ou pioche carrée ou triangulaire dont la lame a environ 20 centim. de large à sa partie supérieure, mais dans les terrains où les pierres seraient un obstacle à l'usage de la houe, l'on se sert d'une pioche ayant la forme d'une fourche à deux dents très-inclinées vers le manche. Mais l'instrument parfait pour les terres compactes ou légères est la bèche qui permet de remuer la terre à une grande profondeur et d'exposer au soleil la partie inférieure en mettant le sol sens dessus dessous.

Avant de procéder à la taille de la vigne adulte, on aura soin de déchausser le pied assez profondément pour découvrir les racines naissantes près de la superficie de la terre, de les couper afin de donner plus de nourriture aux principales. Il est de règle de donner un labour après la taille et un binage pendant la belle saison, lorsque les pluies ont entièrement cessé, en juin ordinairement. Ce dernier labour convenablement fait assure la récolte. Si, par suite de circonstances atmosphériques ou autres, la terre est envahie par l'herbe, il ne faut pas hésiter à lui donner aussitôt un nouveau labour.

Les labours se font à la main ou à la charrue. Le travail de la main est plus favorable que celui fait à la charrue, comme endommageant moins la vigne, et nous croyons qu'il ne revient pas à un prix plus élevé, si l'on fait entrer en ligne de compte la nécessité d'entretenir constamment les laboureurs, des animaux de trait, qui ne sont occupés qu'une portion de l'année, la nécessité dans laquelle on est de faire suivre la charrue par de nombreux ouvriers qui viennent ameublir la terre, la niveler et toujours la piocher au pied des ceps, trop heureux lorsque par suite d'un écart; la charrue n'aura pas coupé ou arraché les racines de la vigne ou le cep lui-même. Il est au reste bien établi que celui qui laboure à la charrue aura toujours un quart de récolte de moins que celui qui laboure à bras d'homme.

Le labour doit varier de profondeur suivant les terrains. Les terres compactes doivent être remuées à une plus grande profondeur que les terres sèches, qu'on ne doit biner que superficiellement, surtout en été, afin de conserver au sol le peu d'humidité qu'il contient. On donnera au labour jusqu'à dix à douze centimètres de profondeur dans les plaines et les terres qui ont beaucoup de fond, et seulement six à sept centimètres dans les terres légères et sur les pentes des côteaux.

Il est essentiel de ne jamais labourer la vigne lorsqu'il tombe des pluies froides, lorsqu'il fait des brouillards et quand il règne des vents qui amènent dans la même journée des alternatives de pluie et de soleil.

Le terrain doit être constamment tenu dans un grand état de propreté, car ce sont les herbes qu'une culture négligée laisse se propager dans la vigne qui donnent au vin ce mauvais goût que l'on nomme *goût de terroir*, qu'à grand tort on attribue à la nature de la terre.

Echalas. — Sur certains points de l'Algérie on a adopté l'usage très-coûteux de planter dans les vignes pour leur servir d'appui, des bâtons longs de cent trente-cinq centimètres environ, que l'on nomme *échalas*. Les échalas se plantent immédiatement après le premier labour ; la terre fraîchement ameublie permet de les enfoncer sans trop d'efforts à la profondeur convenable. On donne un échalas à chaque cep. Pour prolonger la durée des échalas, on doit les arracher quelque temps après les vendanges ; on les dispose de distance en distance par tas appuyés obliquement sur deux autres échalas fichés en terre.

Accolement. — Quand les branchss ont pris du développement, l'usage existe dans certains pays de réunir les sarments en un faisceau et de les attacher autour de l'échalas (ou même sans échalas) à l'aide d'un lien de paille ; on les serre très-médiocrement pour ne pas en gêner le développement. Le but que l'on se propose d'atteindre en pratiquant l'accolement, est de retenir la sève dans les premiers bourgeons, d'assurer ainsi la force de celui qui doit servir à asseoir la taille de l'année suivante et d'empêcher les ravages que les grands vents et les pluies d'orage font sur les plus forts bourgeons.

Ebourgeonnement. — C'est ordinairement à cette époque de l'accolement qu'à lieu l'ébourgeonnement dans les localités où il est pratiqué. Cette opération, qui doit précéder l'accolement, consiste à supprimer les brindilles qui s'échappent des yeux inférieurs, les faux bourgeons et les branches chiffonnes qui vivraient aux dépens de la grappe, en un mot, tous les bourgeons qui ne portent pas de fruits et qui ne sont pas nécessaires pour la taille suivante.

L'ébourgeonnement est une des pratiques les plus importantes que nous regrettons vivement de voir trop souvent négliger. Cette opération est surtout importante pour les très-jeunes vignes et pour les vieilles; elle est utile aux premières, parce qu'elle donne plus de force aux sarments restant, et aux secondes, parce que leur faiblesse leur rend plus nécessaire l'accumulation de la sève dans les bourgeons qu'on leur laisse.

L'*effeuillage* ou *épamprement* qui se pratique dans quelques localités du centre et du nord de la France, dans le but de favoriser la maturation du raisin en l'exposant au contact immédiat du soleil, est un usage à ne pas suivre en Algérie où la grappe, sous l'action toujours très-vive de la chaleur, sécherait, se flétrirait, grillerait avant d'atteindre sa maturité ; de plus, les bourgeons encore verts, qui ne sont pas avortés, ne muriraient pas ; ceux qui commencent à mûrir ne profiteraient pas. Enfin, les boutons n'ayant pas reçu de la part des feuilles leur complément de végétation, avorteraient l'année suivante ou donneraient des grappes qui ne tarderaient pas à couler.

VIII

Taille de la Vigne.

La taille de la vigne a pour objet de faire pousser un plus gros bois, d'empêcher qu'elle ne porte trop de fruit et qu'ainsi, elle ne s'épuise en peu d'années; d'activer la maturité du raisin, enfin de faire produire de nouveaux rejetons au-dessus de la tête ; elle est plus simple et plus facile à exécuter que celle des autres arbres fruitiers, car le fruit de la vigne vient toujours sur les bourgeons de l'année et l'on sait d'avance, que les fleurs sortiront des bourgeons inférieurs de chaque sarment.

Les agronomes ne sont pas d'accord sur l'époque et les circonstances les plus favorables à la taille de la vigne. Olivier de Serres, dont les paroles méritent une grande confiance, revient à deux fois sur ce sujet : « Quatre ans de suite, à compter de son commencement, la nouvelle vigne sera taillée en vieille lune ou en décours pour lui faire grossir le pied ; à ce que, comme sur un ferme fondement les testes de rapport se puissent édifier. C'est le propre de tel point de la vieille lune de faire produire des racines, comme au contraire de la nouvelle, des rameaux. » — « Si la vigne est assise en cousteau chaud, de terre maigre et sèche et composée de races ayant petite mouëlle, sera couppée le plus tost qu'on pourra après que ses feuilles seront cheutes ; au contraire, le plus tard celle qui est posée en platte campagne, de terre grasse, humide et froide, fournie de comptant de grosse mouëlle. » — « Aussi noterés cette maxime générale; *que plus tôt la vigne est taillée, plus elle jette de bois et plus tard plus de fruit.* »

Quant à nous, nous dirons que, sans contester la force de quelques-uns des principes émis par Olivier de Serres, il faut se diriger sur les conditions atmosphériques du lieu où est situé le vignoble et ne pas perdre de vue que taillant tôt, la récolte mûrit tôt et que taillant tard, la maturité est retardée d'autant ; c'est pour ce dernier point au vigneron à consulter ses convenances ;

pour nous, nous préférons tailler un peu tard, afin d'obtenir une vendange plus homogène, sous le rapport de la maturité.

La première taille de la vigne n'offre aucune difficulté : il ne s'agit que d'enlever la totalité du jet le plus élevé des deux yeux mis à découvert lors de la plantation et de couper le second près du tronc, immédiatement au dessus du premier œil.

L'année suivante on taille sur deux sarments et on enlève les autres près de la souche, c'est ce qu'on appelle former la tête. On ne doit laisser sur chaque courson que l'œil le plus voisin du tronc et avoir toujours soin de former la section très près de l'œil qu'on laisse.

A la troisième taille, on donne un bourgeon de plus à chaque tête ; le nombre des mères branches doit être ménagé de manière que la vigne en ait trois. A cet âge, lorsque la vigne est bien plantée, elle a de la force et commence à donner du fruit, on peut tailler à deux yeux sur les sarments les plus vigoureux.

La quatrième taille demande encore quelques ménagements ; il faut couper à deux yeux seulement sur le bois le plus fort ; borner à un seul bourgeon le produit du sarment inférieur et ne laisser en tout que quatre coursons.

La quatrième année, on pourra cependant, sur les vignes les plus vigoureuses, laisser un *ployon* ou *verge;* c'est un sarment taillé à dix ou douze yeux, selon sa force, qu'on laisse non pas à la tête, mais à la partie la plus voisine de terre; cette charge, tout en augmentant la production, modère la vigueur de la végétation et donne du corps à la souche. Certains vignerons enfoncent en terre l'extrémité du ployon; les racines qu'il ne tarde pas à prendre lui portent une nouvelle nourriture qui favorise le grossissement du grain de raisin. L'année suivante, ces ployons sont séparés du cep qui leur a donné naissance et forment des marcottes ou même de nouveaux ceps, si on les laisse en place.

Cette méthode donne beaucoup de produits; mais on ruine en peu de temps le cep sur lequel on a pris le ployon; on ne doit la pratiquer que sur les ceps qui donnent trop de bois.

Les années suivantes, la tête étant parfaitement formée, on taille à vin, c'est-à-dire de manière à avoir une abondante récolte, en laissant sur chaque courson des yeux en nombre proportionné à la vigueur du sujet

Les yeux du bas des bourgeons dans la vigne sont très-rapprochés et très-petits; il y en a au moins six sur une longueur de quatre millimètres : quand on taille le bourgeon long, c'est-à-dire à cinq ou six centimètres, ces petits yeux ne poussent pas et s'éteignent ; mais si on taille dessus, ils se développent et produisent de belles grappes. Les vignerons habiles ne l'ignorent pas ; ils taillent toujours leurs coursons à deux millimètres, c'est pourquoi ces sortes de branches ne s'allongent pas entre leurs mains. Ceux qui ne connaissent pas l'organisation de la vigne, ne conçoivent pas comment un courson qui donne des grappes depuis vingt ans n'a pas encore six centimètres de longueur.

On peut expérimenter, mais l'expérience ne nous a pas confirmé l'excellence de la méthode que nous avons tenu à mentionner, parce que les plus illustres écrivains viticoles, Noisette, Vilmorin, etc., l'ont préconisée.

Le sécateur est infiniment plus commode que la serpette pour tailler la vigne, surtout si l'on veut tailler les coursons à deux millimètres de longueur. Quelques personnes ont décrié cet instrument en lui reprochant de *mâcher* le bois, c'est que ces personnes ne savaient pas s'en servir ou n'en avaient en leur possession que de mal faits ; le fait est qu'il est plus expéditif que la serpette, moins difficile à manier et que l'on n'est pas exposé à se blesser en en faisant usage. On a fait des sécateurs de différentes formes, on en a fait à branches cintrées, raboteuses ou garnies de cornes; on en a fait dont les lames moins cintrées et plus aiguës s'allongent en forme de cisaille pour mieux saisir la branche dans un endroit fourré; parfois le croissant coupait la lame, le clou se dévissait et l'instrument ne coupait plus. Aujourd'hui ces défauts et bien d'autres que nous n'énumérons pas, ont disparu sous la main des bons couteliers, et on trouve de bons sécateurs partout et particulièrement à Alger, chez M. Lavagne, qui depuis longtemps en fabrique de parfaits.

Une bonne opération à faire après la taille, si toutefois on ne l'a pas faite lorsqu'on a déchaussé le pied, ce serait de nettoyer la souche de toute plante parasite avec une brosse et une eau de chaux. La mousse, indépendamment des sucs qu'elle enlève à la vigne, a l'inconvénient de nourrir une foule d'insectes destructeurs du raisin.

IX

Des engrais et amendements.

La fécondité de la terre devant nécessairement s'épuiser par ses productions successives, il est nécessaire d'en renouveler les sucs de temps en temps; mais si cela devient indispensable, c'est principalement dans les terres plantées en vigne où les labours ne pénètrent pas aussi profondément que les racines. Une croyance, malheureusement très-répandue, est qu'il n'y a que les engrais animaux qui puissent restituer à la terre les sels et la fertilité qu'elle a perdus ; mais, si ces fumiers et engrais augmentent la vigueur et la fécondité de la vigne, c'est toujours au préjudice de la qualité des produits ; ils communiquent au vin une odeur et une saveur désagréables, font graisser le vin blanc et donnent un mauvais goût au vin rouge. Nous conseillons de ne jamais faire usage des fumiers; néanmoins, si par impossible, quelques vignerons peu jaloux de la réputation del eurs vignes, se résignent à sacrifier la qualité à la quantité, ils devront mettre, à l'exclusion de la colombine et du fumier de volaille surtout, du fumier de cheval ou de mouton dans les terres fortes, humides et froides, par leur nature ou leur exposition, et du fumier de vache ou de porc dans les terres maigres, légères, graveleuses et chaudes.

Cependant, comme le sol qui porte la vigne s'épuise à la longue, il faut aviser aux moyens de lui rendre sa fertilité.

Le terrage, c'est-à-dire le transport d'une terre nouvelle, est le meilleur amendement que l'on puisse employer, moyennant que l'on aura soin d'approprier la nature du terrain rapporté à celle du sol que l'on veut améliorer. La marne calcaire convient parfaitement aux terres fortes et la marne argileuse aux terres sableuses.

Après le terrage, les engrais végétaux méritent la préférence ; s'ils sont moins actifs que les engrais animaux, au moins n'influent-ils pas sur la quantité des produits. Cet engrais consiste à enfouir, ainsi qu'on le fait pour le fumier, entre deux rangs de ceps, sans qu'ils touchent racines, des végétaux ligneux parmi lesquels ceux qui gardent leurs feuilles doivent être préférés. Au premier rang de ces derniers, nous mettrons les cimes et petits rameaux de buis qui, de tous les végétaux indigènes est celui qui, par sa décomposition, fournit la plus grande quantité de terre végétale, puis viennent le myrthe, la bruyère, le lentisque, l'olivier, le grenadier, le chêne liége et le chêne vert.

Lorsque l'on ne peut pas se procurer économiquement les végétaux nécessaires et que le sol n'en produit pas spontanément, on sème immédiatement après la vendange sur un simple ratissage des plantes annuelles aqueuses d'une végétation rapide, telles que les vesces, le lupin, le sarrazin que l'on enfouit par un bon binage.

Un autre engrais qui a parfaitement réussi, ce sont les tourteaux d'huiles de graine et d'olive que l'on enfouit après les avoir divisés, mais sans qu'ils touchent à la racine. Après cet engrais vient le noir animalisé qui réunit les conditions d'une division poussée très-loin, à une grande richesse en matière soluble et une lenteur convenable dans la décomposition.

Il est d'autres engrais que nous ne citerons que pour mémoire, soit parce que leur rareté les met à un prix trop élevé pour être rémunérateurs, comme les chiffons, les rapures de corne, les ergots des pieds de mouton; soit parce que leur décomposition spontanée n'est pas assez lente, comme le sang desséché, la poudrette, le guano, pour ne pas fournir cet excès de matière putréfiable dont l'odeur repoussante se transmet aux produits de la vigne et se conserve même après la fermentation vineuse.

Dans le département de la Charente-Inférieure, principalement dans les environs de Rochefort et de La Rochelle et dans quelques parties du département de l'Hérault on fume les vignes avec le varech ou goémon, plante marine de la famille des algues ou hydrophites qui renferme une grande quantité de sel marin, de soude, de chlorure et d'iodure de potassium. Le varech produit beaucoup d'effet sur le sol, il engraisse promptement la terre, mais par sa décomposition, il communique au vin une odeur forte et nauséabonde que rien ne peut lui ôter et que même conserve l'eau-de-vie que l'on en retire. Cette simple énonciation suffira pour empêcher à tout jamais les cultivateurs algériens d'avoir même la pensée d'en répandre dans leurs vignes. Nous avons tenu à donner ces indications; mais nous recommandons de ne pas abuser de l'engrais, abus qui, suivant nous a engendré les maladies dont en tout temps la vigne a été affectée. En Algérie, il est rare que les vignes aient besoin d'être amendées.

X.

Greffe de la vigne.

Les greffes partagent avec les marcotes et les boutures, la propriété de propager les variétés non-transmissibles de semis.

Les greffes peuvent être considérées comme de véritables boutures qui au lieu de puiser directement leur nourriture dans le sol, la reçoivent par l'intermédiaire de la tige des sujets. On compte environ quatre-vingts manières de greffer mais il n'en est qu'une qui puisse être employée utilement dans une vigne, c'est la greffe en fente qui se divise en deux sortes: la greffe en fente *sur le bord du bois* et la greffe en fente *au milieu du bois*; le premier mode n'offre aucun inconvénient lorsqu'elle est appliquée sur la vigne, au contraire des arbres à noyaux chez lesquels elle a le défaut de donner lieu à des extravasions de gomme, mais le second mode est recommandé particulièrement pour les vignes.

La greffe a pour but d'améliorer ou de changer la qualité de mauvais ceps, ce but est toujours atteint lorsqu'on pratique soigneusement l'opération dont nous nous entretenons.

Partant de ce principe admis par tous les horticulteurs, que, pour réussir, il faut que le sujet soit en sève et que la greffe soit sur le point d'y entrer; lors de l'ascension de la sève, au printemps, on commence par déterrer de dix à douze centimètres la souche que l'on veut greffer, puis on coupe franchement et horizontalement le tronc à la hauteur que l'on a déterminée, toujours au moins de manière à ce que la surface supérieure de cette incision soit à six ou huit centimètres plus bas que le niveau de la surface du sol. A l'extrémité nue de l'amputation et sur le milieu, on place la lame d'un couteau ou d'une serpette et l'on frappe dessus avec un maillet pour fendre le tronc assez bas pour y placer la greffe ; on retire doucement la lame et on introduit un petit coin de bois dans la fente, de telle sorte qu'elle reste ouverte jusqu'à ce que la greffe soit placée.

Cette fente doit diviser longitudinalement le sujet de manière à ce que chaque côté présente des lignes droites et bien unies. C'est du choix et du placement de l'ente que dépend le succès de l'opération. On choisit parmi les sarments *aoûtés* et bien sains, une branche de l'année précédente. On coupe l'extrémité supérieure au-dessus d'un bouton à bois, et on en conserve trois, si c'est posible. A 7 ou 8 millimètres au-dessous du bouton inférieur, on taille cette extrémité en biseau, des deux côtés, sur une longueur de 4 à cinq centimètres et l'on pose la greffe dans la fente, de manière à ce que, de chaque côté, le *liber* du sujet qui est d'un vert pâle et se trouve entre l'écorce et la moëlle, coïncide exactement avec le *liber* de la greffe dont l'écorce est tournée en dehors et le tranchant du biseau en dedans; c'est de cette coïncidence que dépend la repri-e, car c'est par le liber du sujet et celui de l'ente que se fait la reprise.

Il faut que le sujet sur lequel on greffe

soit d'une végétation égale à celle de la greffe ; c'est-à dire que si l'on veut greffer un plant hâtif, il ne faut pas opérer dessus avec une greffe de plant tardif.

Une fois la greffe bien placée, on enlève le coin, puis on lie fortement avec du palmier nain ou une écorce de bois blanc pour que le sujet ne se rouvre pas ; cependant les gros sujets serrent ordinairement leur greffe assez solidement pour qu'il ne soit pas nécessaire de les lier, et il suffit, ce qu'on doit faire dans tous les cas, de bien couvrir la coupe, les fentes et le bout de la greffe avec de la cire qui doit être liquide sans être brûlante, ni assez chaude pour brûler les doigts. Comme surcroît de précautions, nous conseillons d'entourer la greffe de mousse que l'on assujettit par quelques tours de palmier nain et l'on comble le trou avec de la terre bien meuble en ne laissant sortir que deux boutons.

Lorsque toute la vigne est greffée, on la sarcle ; si les greffes ont poussé, il faut veiller à ce que la sève ne les abandonne pas, supprimer dans cette vue tous les bourgeons bâtards qui naissent des vieilles racines et enfin desserrer, une quinzaine de jours après l'opération, les liens qui entourent la greffe, tant pour favoriser la greffe que pour empêcher que les ligatures ne forment ni exostoses ni bourrelets. Vers la fin de juin, on devra donner un léger labour aux plants greffés en ayant soin de ne pas les endommager. Le plus souvent les plants greffés donnent une récolte dès la première année.

Nous terminerons en indiquant quelques règles générales. Pour greffer, il faut une température douce, sans pluie ni vent froid et que la vigne soit en sève pour conserver la greffe. Si l'on est obligé de couper plusieurs greffes à la fois, on les tiendrait les pieds dans l'eau et à l'ombre; et pour les transporter d'un lieu à un autre on les piquerait dans une boule de glaise humide, ou dans une pomme de terre, on les envelopperait de linges ou de mousse mouillés et on les placerait dans une boîte ou un panier fermés.

XI.

Accidents et maladies de la vigne.

Au premier rang des maladies les plus désastreuses auxquelles la vigne est en butte nous placerons l'*oïdium*, dont le nom est devenu populaire. Si l'on en croit Maurice de la Châtre, nous devons ce bienfait, comme tant d'autres, à l'amitié punique des anglais.

Voici comment s'exprime cet éminent esprit au sujet de l'*oïdium*, dans son *Dictionnaire universel*.

« Cette maladie de la vigne fut d'abord observée en Angleterre par un jardinier de Newgate, Turcker, qui, en 1845, la découvrit dans ses serres. Insensiblement, elle gagna toutes les cultures forcées de l'aristocratie anglaise, et, de là, fit invasion sur le continent.

« C'est en 1849 que les primoristes des environs de Paris la constatèrent dans leurs serres, où elle s'établit ponr atteindre ensuite les cultures en plein vent. Le mal, peu considérable dès l'origine, avait déjà une certaine gravité en 1850 ; en 1851, il se répandit avec un caractère plus effrayant, car il attaqua non-seulement les feuilles et les fruits, mais le bois.

« Les jardiniers de Paris appellent l'*oïdium* de la vigne le *blanc*, parce qu'en effet cette maladie se manifeste par une légère poussière blanchâtre qui se pose sur les feuilles. D'abord imperceptible, cette poussière se développe rapidement et devient visible à l'œil nu ; au toucher, elle résiste comme un végétal qui a ses racines dans le parenchyme de la feuille ; à l'odorat, elle s'annonce par une forte odeur de champignon ; vue au microscope, elle présente l'aspect d'une cotte de mailles, semblable à de la charpie qui s'implante dans les tissus et en aspire toute la sève. Ainsi privée de ses sucs nourriciers, la feuille se recoqueville et sèche promptement; mais le champignon marche toujours; il gagne les jeunes pousses, qu'il fléchit lentement, et s'empare de la grappe par la ligne centrale, remplit les interstices ramulaires, rayonne dans les sens et enveloppe le grain de ses mille tissus.»

« La plupart de ces moisissures sont de véritables poisons, et toute vigne qu'elles accaparent est perdue si l'on n'y porte de prompts remèdes.»

« Parmi les savants qui se sont occupés de l'*oïdium*, les uns l'attribuent aux influences atmosphériques; les autres, aux conditions exceptionnelles dans lesquelles se trouvent les cultures forcées, soumises à une haute température, à une forte dose d'humidité, à une fumure excessive. Prévenir l'*oïdium* étant impossible par suite de l'imperceptibilité des sporules on a dû songer à le guérir. Divers topiques ont été essayés; quelques-uns ont presque réussi; le plus grand nombre a échoué. »

Parmi les remèdes les plus préconisés, nous citerons le soufre dont on a, ces années dernières, fait un emploi immense pour combattre le terrible mal qui semait la ruine et le désespoir parmi les propriétaires de vignobles. Beaucoup de personnes se sont félicitées de son emploi, qui, à leur dire, a opéré la guérison de leurs vignes, guérison qui toutefois, de leur aveu, n'a pas été définitive car il n'a pas détruit le mal dans son germe, il n'a fait que le pallier pour le moment, puisque chaque année il a fallu recommencer. Le soufre qui s'unit avec la plus grande facilité à tous les corps simples a bien pu opérer sur *l'oïdium*, comme dans le traitement des maladies cutanées, la gale par exemple.

Quant à nous, nous n'avons pas eu à nous féliciter de son emploi. Nous avons répandu le soufre sur des vignes infestées de *l'oïdium*, en suivant toutes les prescriptions des personnes qui le préconisent, eh bien! il a produit sur elles autant d'effet que toutes ces poudres de perlimpinpin, que nous délivrent des charlatans éhontés, en les proclamant, au grand ébahissement des crédules, la panacée du grand mal.

En 1861, une partie de notre vignoble, celle qui est située dans le bas fond où les eaux séjournent parfois assez longtemps, ayant été attaquée par *l'oïdium*, aussitôt comme le malade qui se désespère, nous recourûmes aux grands remèdes et en première ligne au soufre, — nous soufrâmes, nous soufrâmes, nous soufrâmes, mais la maladie tint bon, et les terribles champignons, comme si on leur eut offert un aliment de leur goût, au lieu de dépérir, ne firent en vérité que prospérer.

A bout de remèdes et de patience, nous eûmes en désespoir de cause, recours à un autre moyen qui nous réussit parfaitement. Dès à l'avance, nous prévenons que nous ne venons pas à l'imitation de tant d'empiriques, préconiser un nouveau moyen infaillible de guérison, nous nous bornons à dire ce que nous avons fait, essaie qui voudra, à chacun nous souhaitons le succès qui a couronné notre épreuve.

Près de la vigne que nous avions soufrée et sur un autre point éloigné de plus de 150 mètres, nous avons choisi deux morceaux de vigne complétement infestées ; par un temps très chaud, sous un soleil ardent, nous leur avons fait donner un bon binage peu profond, et aussitôt la maladie a disparu comme par enchantement ; c'était dans les premiers jours de juillet. Ce remède nous a réussi, et si le terrible mal reparait dans notre vigne nous n'en emploirons pas d'autre.

La pensée que nous avons eue, nous a été suggérée par cette remarque : que les premiers crus du Bordelais, ceuxqui, par conséquent appartiennent aux plus riches propriétaires, à des personnes qui ne reculant devant aucun frais pour conserver à leurs vignobles leur belle réputation, ne laissent pas commettre la moindre négligence dans leurs cultures ont été les moins atteints par le fléau ; tandis que les petits crus dont la culture est, par un faux calcul d'économie, trop souvent négligée, étaient envahis par le mal qui semait la ruine et le désespoir chez les trop malheureux vignerons.

Un autre plus savant parmi les savants qui recherchent toujours les causes des effets, expliquera peut-être, par le dégagement de tel ou tel gaz mis en contact avec les rayons du soleil, la guérison que nous avons obtenue, nous lui laissons ce soin et ce plaisir et nous nous contentons de donner le résultat pratique sans essayer de l'expliquer ou même de le discuter. Peut-être est-ce l'œuf de Christophe-Colomb !

Revenons au soufre. Nous ne voudrions pas, cependant entièrement détourner de son emploi, les personnes dont les vignobles sont infestés de l'*oïdium*. Ce remède s'emploie après qu'on l'a réduit en poudre ; on le répand à l'aide de soufflets, et mieux encore, de cornets en fer blanc percés en écumoire, au moment ou les bourgeons s'épanouissent, par une belle rosée de printemps ; une seconde fois on en saupoudre la vigne et les grappes lorsque la fleur est tombée, et une troisième fois on en jette sur les grappes lorsque le grain est à peu près parvenu à sa grosseur. Le remède est efficace dit-on, nous en doutons, mais ce dont nous ne doutons pas, c'est qu'il donne au vin une odeur nauséabonde, capable de faire reculer le plus brave des ivrognes.

Ainsi qu'on l'a vu dans l'article de M. de La Châtre, que nous avons offert au lecteur, cette maladie qui se propage ainsi que se propagent toutes les mauvaises choses, a pris son origine dans les serres, où tout n'est produit qu'à l'aide de grandes masses de fumier tantôt chaud, tantôt réduit à l'état de terreau. — Le mal ne serait-il pas causé et entretenu par l'abus insensé que beaucoup de vignerons font du fumier ainsi que par le peu de soin qu'ils apportent à leur labours, qu'ils croient pouvoir remplacer par des engrais animaux, aussi bien que par la malheureuse pensée qu'ont eu beaucoup de propriétaires de planter en vignes des terres grasses et marécageuses, dans l'espoir, qui n'a pas été malheureusement toujours déçu, d'obtenir de copieuses récoltes qui, bien que ne donnant que de très-mauvais vin, ne rapportent pas moins un riche produit !

Après la terrible maladie de l'*oïdium* vient dans l'ordre d'importance la *gelée*, qui, heureusement, n'est pas à redouter dans la plus grande partie des vignobles de l'Algérie. Dans l'intérêt des rares localités qui ont à souffrir de ce fléau, nous allons en dire quelques mots.

En considérant la gelée dans ses effets, il faut distinguer les différentes saisons où elle a lieu et les circonstances qui l'accompagnent. Les gelées de printemps sont les plus fatales à la vigne, principalement lorsqu'elles arrivent à l'époque de la floraison et qu'elles succèdent à des brouillards ou même à une pluie, quelque petite qu'elle soit. Les jeunes vignes, aussi bien que les vieilles, sont plus sujettes à la gelée que celles d'un âge moyen, et une vigne nouvellement fumée y est plus exposée, à cause de l'humidité qui s'échappe des fumiers. Lorsque les sarmens d'une vigne ont été gelés pendant l'hiver, ce qu'on reconnait à leur moëlle qui a pris une teinte noire, il faut retarder la taille jusqu'à l'époque du mouvement de la sève, car alors il est facile de distinguer les parties saines de celles qui ont été frappées de mort. Lorsque tous les sarmens ont péri, qu'il n'y a plus d'espérance que le cep donne d'arrières bourgeons, il faut couper tout le bois ancien et nouveau, et ne laisser que les souches. Cette opération renouvelle entièrement une vigne.

L'expérience a prouvé que les bourgeons gelés ne se désorganisent que lorsqu'ils sont subitement frappés par les rayons du soleil et qu'ils se rétablissent lorsque le ciel reste couvert. On a essayé, dans ce but, d'intercepter l'action du soleil en allumant, au vent de la vigne, des feux de paille mouillée dont la fumée se répand sur le terrain que l'on veut protéger ; ce n'est qu'un palliatif bien peu efficace comme tous les palliatifs.

Un autre fléau non moins redoutable que la gelée, c'est la *grèle* dont les effets se font sentir non seulement sur la récolte de l'année mais encore sur celles des années suivantes.

Une vigne qui a souffert de la grèle ne doit pas être ébourgeonnée, et, lors de la taille, on doit laisser moins de coursons et les couper plus courts, afin que les ceps puissent réparer leurs pertes dans le courant de l'été suivant.

Lorsque la vigne a échappé aux intempéries de l'hiver et du printemps, ainsi qu'à la grèle, il s'en faut de beaucoup qu'elle soit hors de danger ; une humidité continue, des pluies trop fréquentes sont très-dangereuses, dans le temps de la floraison, car alors elles sont une cause certaine de coulure ; il y a des années où la sécheresse produit le même effet. On a bien proposé, pour prévenir la coulure de faire sur le cep une opération qu'en jardinage on nomme incision annullaire ; mais on a remarqué que la qualité du vin en était altérée et qu'elle affaiblissait pour longtemps les ceps opérés.

Les vents violents font aussi beaucoup de mal aux vignes.

La vigne est encore sujette à des maladies auxquelles la nature du terrain, certaines circonstances de température et l'emploi d'engrais trop visqueux, tels que le sang desséché, la poudrette, etc., et non consommés, disposent certains cépages : les plus communes sont la *brûlure* des feuilles et le *grillé* du raisin dûs à des coups de soleil trop ardens ou à des labours intempestifs ; la *jaunisse* qui attaque les vignes humides et est souvent occasionnée par la présence d'un champignon nommé *isaire*, qui s'attache aux racines : on peut remédier à la jaunisse et empêcher son extension en faisant une large tranchée autour des ceps attaqués.

Plusieurs genres d'insectes, quelques

quadrupèdes et des oiseaux font à la vigne une guerre presque continuelle.

Parmi les insectes :

Pyrale de la vigne. La pyrale, dont les espèces sont au nombre de trois cents, a des ailes entières et sans fissure, en toit plus ou moins écrasé dans l'état de repos, les antennes filiformes et rarement plus longues que le corps ; les pattes courtes. Les chenilles ont seize pattes d'égale longueur, le corps ras ou garni de poils courts et isolés. Elles habitent les feuilles réunies en paquet dont elles ont attaqué le petiole pour les faire flétrir, se nourrissent aux dépens des bourgeons de la vigne.

Beaucoup de recherches ont été faites pour préserver les vignobles de cet insecte qui, dans certains cantons, cause beaucoup de ravages. Les recherches faites par des savants de premier ordre ont eu un résultat négatif ; ne pouvant découvrir les prodrômes ou symptômes du mal, ils se sont bornés à conseiller la recherche des chenilles qui sont renfermées dans ces ingénieuses coques qu'elles ont filé au milieu des paquets de feuilles et où elles se changent en nymphes ou chrysalides ; et lorsque ces chrysalides sont devenues papillons, de les attirer au moyen de lampions que l'on place la nuit à des distances assez rapprochées, 25 mètres environ, les uns des autres.

Hanneton. Genre d'insecte, vivant aux dépens des racines des plantes à l'état de larves, et aux dépens de leurs feuilles sous celui d'insectes parfaits. Il est de couleur rousse avec le corselet noirâtre et velu; il a une tâche blanche de chaque côté sur les anneaux de l'abdomen. C'est au fond d'un trou qu'elle place, loin de l'ombrage des grands arbres et de l'humidité, dans une terre saine, légère, ouverte aux influences du soleil, que la femelle du haneton dépose ses œufs. De ces œufs naissent des larves recourbées, molles, blanchâtres, avec la tête ainsi que les pattes écailleuses et brunes, que les cultivateurs nomment *vers-blancs*, *turcs* et *Mans*. Les vers restent trois ans en terre avant de passer à l'état de nymphe, et, pendant cette longue période, ils dévorent les racines des plantes et des arbres qu'ils savent aller chercher fort loin. En avril ou mai, lorsque la terre est réchauffée, le ver blanc devient le hanneton, et sort de terre à l'état d'insecte parfait. Le hanneton semble n'éclore que pour se reproduire. L'accouplement a lieu dans la nuit même de leur sortie de terre, et la ponte dix jours après. Le mâle périt après l'accouplement, et la femelle trois ou quatre jours après la ponte.

Pour se délivrer du *man* ou *ver-blanc*, le meilleur moyen est de faire de nombreux labours ou binages au printemps par un temps humide surtout; un grand nombre de vers sont trouvés lors de cette opération, car ils ne quittent la première couche du sol que lorsqu'elle a perdu l'humidité que réclame leur existence. En semant de la salade, la romaine de préférence, entre les plants de vigne, on est sûr d'attirer au pied des salades le plus grand nombre des vers-blancs; du moment que les feuilles commencent à incliner, on est sûr de les trouver au pied. L'emploi des fraisiers serait préférable, car ils attireraient les vers de plus loin.

Le gribouri fait le plus grand mal a la vigne. Le gribouri est de la couleur et de la figure d'un hanneton, mais beaucoup plus petit. Il passe l'hiver en terre dans l'état de larve, et ronge les racines des jeunes vignes qu'il fait périr.

Il y a encore le *becmarre* qui dans l'état de larve dévore les feuilles et les pétioles, le charançon gris, la *lisette*, moins grosse qu'une mouche, revêtue chez les femelles d'une écaille verte, bleuâtre chez les mâles, qui en juin fait du mal aux jeunes feuilles, qu'elle roule en cornet pour y déposer ses œufs. Les guêpes sont également de terribles ravageurs.

Dans son *Théâtre d'agriculture*, Ollivier de Serres dit : « Quant aux bestes, comme formis, chenilles et semblables, pour les faire mourir, ne *faut* que *cultiver souvent le fonds de la vigne*, pour, en rompant leurs nids, les détourner de s'engeancer : à quoi est bon aussi mesler quelquefois au guerest, des cendres de lessive, des cieures de bois, des suies de cheminée, des sablons, des fumiers propres à la vigne, car tout cela contrarie à toutes telles races de vermine. »

Passons aux quadrupèdes :

Le *chacal* est le plus déterminé maraudeur que nous ayons en Algérie. Ce carnassier qui a beaucoup de rapports avec le chien, a à peu près la taille du renard, un peu plus haut sur jambes, et sa tête ressemble à celle du loup. Il a le pelage d'un gris jaunâtre au-dessus, blanchâtre au-dessous. Sa nourriture est animale, mais, comme le chien, il mange tout ce qui peut servir à la nourriture de l'homme. Les chacals dorment le jour, mais la nuit ils parcourent la campagne par troupes nombreuses, dévorant et emportant tout ce qu'ils peuvent trouver. Ces impudents coquins, pénètrent dans les villages, jusque dans l'intérieur des cours, s'emparant de tout ce qu'ils peuvent rencontrer. Souvent ils chassent avec autant d'ordre que la meute la mieux exercée, alors on les voit joindre à la finesse du nez, le courage du chien, la ruse du renard et la perfidie du loup. Les chacals sont très friands de raisin, et si une troupe, par malheur s'abat sur une vigne, tout est dévoré, les vendanges sont faites, il n'y a absolument plus rien à récolter, trop heureux lorsque dans leurs ébats ils n'auront pas brisé de ceps.

Pour se mettre à l'abri des déprédations de ces effrontés gaspilleurs, le meilleur moyen est de clore solidement la vigne soit avec un mur ou, si l'on ne veut pas faire les frais d'une construction, on trace tout autour de la vigne un sillon dans lequel on place debout des bourrées, qui, lorsqu'elles sont bien serrées et assujetties au pied, par la terre que l'on jette dans la petite tranchée offrent encore un obstacle assez suffisant.

Si l'on n'a pas établi de clôture il faut se résigner, au moment où les raisins commencent à mûrir, à passer la nuit dans la vigne et à veiller. Pour se distraire et pour se tenir en éveil, aussi bien que les maraudeurs à deux et à quatre jambes, il est bon de tirer en l'air, de temps en temps des coups de fusil. Un monsieur avait imaginé, pour éloigner les chacals, de planter des perches dans sa vigne, au bout de ces perches de mettre des lanternes et au-dessous des clochettes qui tintaient au moindre mouvement que le vent inprimait à la lanterne ; les trois ou quatre premiers jours, les chacals se tinrent en observation, mais bientôt ils s'enhardirent et au bout de huit jours, c'était au pied des lanternes, dans l'espace le mieux éclairé, que la vigne était le mieux et le plus complétement vendangée.

Le *Porc-épic* est encore un redoutable déprédateur de la vigne. Ce mammifère a des habitudes qui se rapprochent de celles du lapin ; son corps est couvert d'épines raides et aigues qui, étant susceptibles de se redresser leur servent d'armes défensives ; son museau gros et tronqué, joint à une voix grognante, l'a fait, à tort, comparer au porc, dont il difère sous tous les autres rapports. Le porc-épic se creuse des terriers dans lesquels il passe la plus grande partie du jour ; il se nourrit de graines, de racines et de fruits. Il dévore les raisins et déracine les ceps.

Pour se débarrasser du poc-épic, il n'est que deux moyens : rechercher son terrier, et lorsqu'on l'a trouvé, en fermer solidement les entrées avec de la glaise et jeter dedans une mêche soufrée allumée, qui inévitablement l'asphixiera ; ou bien il faut étudier son passage, et lorsqu'on l'a retenu, y placer un piège dans lequel il se prendra tôt ou tard.

« Pour chasser les *connins* (lapins) dépérissans la vigne, brouttans les rameaux lorsqu'ils bourgeonnent, dit Olivier de Serres, faut les parfumer avec du soufre. Le moyen est facile : des petits puisceaux de bois sec seront enduits d'un bout avec du soufre fondu, et de l'autre fichés en terre : le feu mis au soufre fera ce que désirés. » Un autre moyen à employer, et beaucoup plus sûr que les allumettes du grand agriculteur, ce sont les lacets qui bien placés vous délivreront promptement de cette vile engeance. Pour réussir il ne faut pas attacher le collet à poste fixe : Lorsqu'on l'a tendu dans la passée du lapin, on fiche en terre un petit morceau de bois que l'on fend et dans la fente duquel on engage légèrement le laiton à l'extrémité duquel on attache une pierre de 1 à 2 kilog. Le lapin qui ne va que par sauts et par bonds, aussitôt qu'il aura senti le laiton du collet, sautera en l'air, à droite et à gauche et ne tardera pas à s'étrangler ; tandis que lorsque le collet est solidement attaché, le lapin, le plus souvens parvient à le rompre.

Nous ne dirons qu'un mot relatif à la chèvre, on ne doit jamais souffrir que cet animal pénètre dans la vigne. En une demi-heure, une chèvre ravage quatre et cinq cents ceps. Sa morsure est mortelle.

Les *merles* et les *perdrix* fréquentent volontiers les vignes, et font une énorme consommation de raisins; il faut prendre les perdrix avec des collets et poursuivre les merles avec le fusil, dans les environs de la vigne, dans les buissons fourrés où ils placent leurs nids, c'est la seule manière de s'en délivrer.

En France on redoute beaucoup la *grive* qui s'engraisse de la baie du raisin; en Algérie il n'en est pas de même ; cet oiseau de passage n'y arrive qu'après les vendanges.

Il nous reste encore à parler de deux ennemis du vigneron, c'est d'abord le larron, qui sous la forme, plus ou moins authentique, d'un Arabe, s'introduit la nuit dans la vigne et y dérobe la plus grande quantité possible de raisin. Pour empêcher les voleurs de pénétrer dans la vigne, Olivier de Serres n'indique qu'un moyen qui la préservera également de la dent meurtrière des bestiaux, c'est de la bien clore ; nous ajouterons qu'il serait bon de faire en outre, pour ces messieurs, ce que plus haut nous avons dit de faire pour les chacals. Le second ennemi de la vigne et du vigneron, bien plus à redouter que le voleur, c'est le chasseur, le chasseur qui entraîné par sa passion, n'a de pensées que pour le gibier qu'il poursuit, foule aux pieds, sans aucun remords, les ceps qu'il brise dans sa marche trop hâtée ou les foudroie de son plomb meurtrier. Un cep qui a reçu le plomb d'une arme à feu est perdu. Le propriétaire des vignes doit inexorablement défendre en tout temps la chasse dans son vignoble aussi bien avant qu'aprés la vendange.

XI.

Frais et produits de la vigne.

Nous allons terminer ce travail en donnant un état des frais dont on doit nécessairement faire l'avance avant de percevoir un revenu de sa vigne. Les dépenses à effectuer seront très variables; les produits éprouveront la même variation.

Telle terre douce, légère se façonnera sans grands frais parce que là, rien n'arrête le vigneron qui n'a d'autre souci que d'avancer son travail, sans avoir à se préoccuper des obstacles qu'il devra vaincre, tandis que sur d'autres points le cultivateur emploiera une grande partie de son temps à surmonter les difficultés toujours renaissantes qui l'arrêteront dans son travail. Il en est de même des produits : sur les côteaux les plus heureusement exposés, on récoltera du vin délicieux, mais en très-petite quantité, tandis que dans la plaine, sur ces terres grasses que l'on aura arrachées à la culture du blé, on recueillera une récolte d'une excessive abondance; mais la compensation aura presque toujours lieu, car si d'une part la terre grasse produit du vin en plus grande quantité que la terre rocailleuse, d'autre part, le vin fin que l'on recueillera dans le silex, la craie ou le granit, aura une valeur beaucoup plus considérable. Nous ajouterons que s'il y a un avantage réel, c'est du côté du vin fin qui nécessitera moins de frais de main-d'œuvre, moins d'avances que le gros vin.

Nous allons, par quelques chiffres qui, nous le répétons, devront toujours être modifiés suivant les localités, donner le prix du travail toujours très-variable suivant que les vignes sont situées aux portes des villes, aux alentours des villages ou sur des points plus éloignés.

Plantation et façons d'un hectare de vigne.

Façon de fossés à 0,15 cent. par mètre carré.	750 »
Plantation des ceps. . . .	300 »
Un binage.	100 »
6,400 ceps environ. . .	75 »
Engrais, première année. .	150 »
	1,375 »

Si on plante à la b«rre, en supposant ce qui est le cas le plus ordinaire que l'on soit obligé de planter un cinquième des ceps dans des fossettes;

La plantation des 6,400 ceps, coûtera	150 »
Labour qui précédera la plantation.	30 »
Deux binages qui suivront la plantation.	160 »
Achat des boutures ou crossettes.	75 »
Engrais de première année.	150 »
	565 »

Dans l'un comme dans l'autre cas, il faut ajouter, comme frais généraux, les impôts, le logement du maître vigneron (dans notre économie nous ne logeons et n'employons à l'année qu'un maître vigneron qui dirige les journaliers tout en travaillant avec eux), le loyer du terrain, ou l'intérêt de ce qu'il a coûté.

La seconde année, pour l'un, comme pour l'autre mode de plantation, la dépense se composera de l'intérêt de la dépense faite la première année, du loyer du terrain, de deux façons on binages au moins du renouvellement ou provignage d'environ 150 ou 200 ceps et de l'engrais nécessaire pour accélérer la venue de la vigne.

La troisième année, à de rares exceptions près, les frais de culture seront compensés par les produits que le vignoble donnera.

La quatrième année, si la vigne a été convenablement cultivée et entretenue, elle donnera une récolte complète.

Columelle, le plus illustre agronome de l'antiquité, dit, dans son ouvrage *De Re rustica*, son immortel titre de gloire, que les vignes que Caton, Varron et Sénèque possédaient en Italie produisaient deux cent cinquante-cinq hectolitres par hectares. Y a-t-il exagération ? Nous le pensons, aussi ne dirons-nous pas au planteur qu'il peut espérer voir se réaliser des espérances aussi magnifiques ; aussi ne lui dirons-nous pas plus de croire à la parole de certains enthousiastes, ou fanatiques de la vigne qui affirmaient, il y a peu de jours encore, qu'en Algérie, la vigne convenablement plantée, cultivée et espacée à deux mètres, devait rapporter immanquablement un revenu de dix mille francs au moins. C'est en répandant de telles croyances que l'on parvient à nuire et souvent à tuer une industrie ou une culture naissante; par de tels discours, on sème la déception et l'on récolte la ruine.

En Algérie, la vigne, sans rapporter les deux cent cinquante-cinq hectolitres que Columelle prête si généreusement au vignoble de Caton, sans donner les dix mille fr. qu'on veut bien nous octroyer ; la vigne, disons-nous, donnera toujours des produits largement rémunérateurs. Nous voudrions bien pouvoir donner un compte exact et régulier du produit d'une vigne en Algérie, mais, n'ayant encore à notre disposition que des éléments assez vagues, nous sommes contraint, en ce moment, à n'offrir que de grandes probabilités, probabilités qui, il est vrai, sont chez nous le résultat d'une intime conviction, mais n'en sont pas moins que des probabilités.

Si certains vignobles ont, à notre connaissance, donné en Algérie cent hectolitres, par hectare, de vin d'une qualité supérieure, nous en savons d'autres qui n'en ont pas produit plus de quinze ou seize ; nous ne pouvons donc pas nous arrêter à ces données pour faire une moyenne.

Notre expérience, les renseignements que nous avons recueillis chez beaucoup de vignerons, nous ont permis d'asseoir notre conviction qui est, qu'un propriétaire soigneux, qui s'attachera à faire convenablement cultiver sa vigne, peut, sans trop craindre de se tromper, asseoir ses calculs sur un produit moyen de trente à quarante hectolitres. C'est cette conviction bien raisonnée qui nous a décidé à nous livrer à la culture de la vigne, et qui, après nous en avoir fait planter un assez grand nombre d'hectares, nous fera encore mettre en terre bon nombre de milliers de ceps si Dieu nous prête vie. Nous faisons des veux ardents pour que notre confiance soit partagée par la grande masse des propriétaires algériens ; que l'on en soit certain, par la vigne et la vigne seule, notre nouvelle et belle patrie asseoira sur l'avenir les bases d'une longue prospérité et nous dirons, en terminant ce petit opuscule, comme nous l'avons fait en le commençant, sans craindre d'essuyer un démenti raisonné, par la vigne, l'Algérie sera enrichie et moralisée.

Alger.— Imprimerie BOUYER.

www.ingramcontent.com/pod-product-compliance
Lightning Source LLC
LaVergne TN
LVHW020041170826
845678LV00001B/375